河南省工程建设标准

# 城市桥梁安全防护设施设置标准

Standard for setting up safety
protection facilities for urban bridges

DBJ41/T 223－2019

主编单位：郑州市市政工程勘测设计研究院
批准单位：河南省住房和城乡建设厅
施行日期：2019 年 7 月 1 日

黄河水利出版社

2019　郑州

## 图书在版编目（CIP）数据

城市桥梁安全防护设施设置标准/郑州市市政工程勘测设计研究院主编. —郑州:黄河水利出版社,2019.7
河南省工程建设标准
ISBN 978 – 7 – 5509 – 2457 – 4

Ⅰ.①城… Ⅱ.①郑… Ⅲ.①城市桥 – 安全防护 – 工程设施 – 标准 – 河南 Ⅳ.①U448.157 – 65

中国版本图书馆 CIP 数据核字(2019)第 158237 号

出　版　社:黄河水利出版社
　　　　地址:河南省郑州市顺河路黄委会综合楼 14 层　邮政编码:450003
发行单位:黄河水利出版社
　　　　发行部电话:0371 – 66026940、66020550、66028024、66022620(传真)
　　　　E-mail:hhslcbs@ 126. com
承印单位:郑州豫兴印刷有限公司
开本:850 mm × 1 168 mm　1/32
印张:1.625
字数:41 千字
版次:2019 年 7 月第 1 版　　　　　印次:2019 年 7 月第 1 次印刷

定价:32.00 元

# 河南省住房和城乡建设厅文件

公告〔2019〕67 号

## 河南省住房和城乡建设厅
## 关于发布工程建设标准《城市桥梁安全
## 防护设施设置标准》的公告

现批准《城市桥梁安全防护设施设置标准》为我省工程建设地方标准,编号为 DBJ41/T 223 – 2019,自 2019 年 7 月 1 日起在我省施行。

本标准在河南省住房和城乡建设厅门户网站(www. hnjs. gov. cn)公开,由河南省住房和城乡建设厅负责管理,郑州市市政工程勘测设计研究院负责技术解释。

河南省住房和城乡建设厅

2019 年 6 月 4 日

# 前　言

　　为贯彻落实河南省住房和城乡建设厅《河南省城市桥梁安全防护设施隐患排查整治工作方案》，统一城市桥梁安全防护的建设、改造、管养标准，编制组经过深入调查和试验研究，总结国内科研成果和大量工程实践，并在广泛征求建设、设计、管养、施工等单位意见的基础上，完成了本标准。

　　本标准的主要内容包括：总则、术语、基本规定、防撞护栏、缓冲设施、限界结构防撞设施、桥梁墩柱防护、人行护栏、其他安全防护设施、既有桥梁安全设施提升改造、质量检验与验收等。

　　本标准由郑州市市政工程勘测设计研究院负责具体技术内容的解释，各单位在使用过程中，如有意见和建议，请及时反馈给上述单位(地址：郑州市郑东新区民生路 1 号，邮编：450046，电话：0371－87520101)。

**主 编 单 位**：郑州市市政工程勘测设计研究院

**参 编 单 位**：北京中交华安科技有限公司

　　　　　　　郑州市市政维护工程有限公司

　　　　　　　江苏卡斯特桥梁构件有限公司

**主要起草人**：乔建伟　崔亚新　王　坤　张龙党　刘永娜

　　　　　　　邢瑞新　张建强　杨永腾　季　坤　李生隆

　　　　　　　刘建波　许志勇　徐永安　施文龙　安振源

　　　　　　　王　亮　崔明伟　杨　昊　纪小烨　李运佳

　　　　　　　王　熊　缪胜敏　童永瑞　杨　悦　卜倩淼

　　　　　　　姚　伟　高　涵　欧阳葵　李选栋　蔡　华

　　　　　　　刘烨君　田世铎　常战伟　杨　磊　王　鹏

　　　　　　　张永辉　周　强　郭　耀　刘　森　唐　军

　　　　　　　郭建设　杨　阁　荆　伟

主要审查人：罗付军　张光海　吴纪东　张保雷　陈文龙
　　　　　　肖亮群　刘　杰　郭　睿　耿　波

# 目　次

# 1 总　则

**1.0.1**　为规范城市桥梁安全防护设施的设置,提高城市桥梁安全防护能力,保障桥梁安全运行,预防交通安全事故的发生,制定本标准。

**1.0.2**　本标准适用于城市桥梁安全防护设施的设计、新建、改建、管养和质量验收等。

**1.0.3**　城市桥梁安全防护设施的设置应坚持以人为本、预防为主、系统设计、重点突出的原则,应在交通安全综合分析的基础上,优先设置主动引导设施,根据需要设置被动防护设施。

**1.0.4**　城市桥梁安全防护设施的设计、新建、改建、管养和质量验收等除应符合本标准规定的技术要求外,尚应符合现行国家相关规范、标准的规定。

# 2  术　语

**2.0.1**　刚性护栏 rigid barrier

车辆碰撞后基本不变形的护栏。

**2.0.2**　半刚性护栏 semi-rigid barrier

车辆碰撞后有一定的变形,又具有一定强度和刚度的护栏。

**2.0.3**　柔性护栏 flexible barrier

具有较大缓冲能力的韧性护栏结构。

**2.0.4**　活动护栏 activity guardrail

设置在分隔带开口处,为了方便一些特种车辆通过且具有一定防撞功能的护栏。

**2.0.5**　人行护栏 pedestrian guardrail

防止行人跌落或为使行人与车辆隔离而设置的保障行人安全的设施。

**2.0.6**　缓冲设施 buffer facilities

设置于易发生严重交通事故的构造物前端,可以减缓冲击、降低碰撞车辆和车内人员伤害的设施,主要形式有防撞端头、防撞垫等。

**2.0.7**　防撞端头 crashworthy terminal

设置于护栏的迎车流方向起点,和护栏连接在一起,对碰撞车辆起阻挡、缓冲和导向作用的设施。

**2.0.8**　防撞垫 crash cushion

独立的防护结构,在受到车辆碰撞时,通过自身的结构变形吸收碰撞能量,减轻对司乘人员的伤害程度。

**2.0.9**　可导向防撞垫 redirective crash cushion

具有侧面碰撞导向功能的防撞垫。

**2.0.10**　非可导向防撞垫 non-redirective crash cushion

不具有侧面碰撞导向功能的防撞垫。

**2.0.11** 限界结构 delimitation struture

车行道净空周边的主体结构物。

**2.0.12** 防抛网 prevernting fallen object fence

为防止杂物、物品、落石(土)等散落物进入桥梁界限内或桥梁下铁路、道路、河流等的防护设施。

**2.0.13** 防眩设施 anti-glare facilities

为夜间行车的驾驶人员免受对向来车前灯眩光干扰而设置的构造物。

**2.0.14** 轮廓标 delineator

用以指示道路前进方向和边缘轮廓、具有逆反射性能或主动发光形式的交通安全设施。

# 3 基本规定

**3.0.1** 城市桥梁安全设施的设置应按本标准要求进行设计、新建、改建、管养和质量验收。

**3.0.2** 桥梁安全防护设施除应满足结构安全功能要求外,其造型、色调应与周围环境协调。

**3.0.3** 城市桥梁安全设施包括主动引导设施和被动安全防护设施。

**3.0.4** 主动引导设施的设置应符合下列规定:

    **1** 所有桥梁均应设置交通标志和交通标线。

    **2** 在隧道两侧、城市快速路主路、匝道、交通合流、交通分流、易发生事故的弯道、非常规的路中隔离设施端部、渠化设施的端部、桥头等位置,应设置视线诱导设施。

    **3** 位于城市快速路上、需要控制行人和非机动车进入的桥梁及引坡段,应设置隔离栅。

    **4** 桥梁跨越轨道交通线、铁路干线、高速公路、城市快速路、主干路及其他交通量较大的道路、通航河流及水源一级保护区时,应设置防抛网。

**3.0.5** 被动安全防护设施的设置应符合下列规定:

    **1** 位于城市快速路上的桥梁、临空高度大于 6.0 m 或水深大于 5.0 m 的桥梁、特大悬索桥、斜拉桥、拱桥等有拉索或吊索的桥梁或跨河大桥等桥梁,应在桥侧设置防撞护栏。跨越急流、重要道路、桥梁、铁路、主要航道、水源一级保护区的桥梁,应在桥侧设置防撞护栏。

    **2** 城市快速路或设计车速 50 km/h 及以上的桥梁,应设置中央防撞护栏。

    **3** 桥梁及引坡段的人行道外侧应设置人行护栏。

**4** 位于城市快速路上、设计车速 60 km/h 及以上的主干路上的桥梁主线分流端、匝道出口、隧道入口、跨线桥桥墩前部、桥梁护栏及防撞墙上游端头、隔离带端部等固定障碍物前端应设置缓冲设施。位于其他城市主干路上的桥梁宜设置缓冲设施。

**5** 桥梁墩柱结构、主梁结构、隧道入口两侧和顶部结构等位置应设置限界结构防护设施。

**6** 位于道路行车区域的桥墩应设置墩柱防护设施。

**3.0.6** 安全防护设施应与桥梁结构进行可靠的连接。

**3.0.7** 可能遭受船舶或漂流物撞击的跨河桥梁,应设置警示标志和必要的防撞设施。

**3.0.8** 在满足安全和使用功能的条件下,应积极推广使用可靠的新技术、新材料、新工艺、新产品。

**3.0.9** 防撞护栏、防撞垫和防撞端头的安全性能应满足现行《公路护栏安全性能评价标准》(JTG B05-01)规定。

# 4  防撞护栏

## 4.1  一般规定

**4.1.1**  防撞护栏应具有阻挡功能、缓冲功能和导向功能,具有足够的强度、韧性,并与桥梁主体结构可靠连接。

**4.1.2**  设计车速 50 km/h 及以上的城市桥梁或隧道中央分隔带断开处,应设置活动护栏,活动护栏的防护等级应与其所在桥梁段中央分隔带护栏的防护等级一致。

**4.1.3**  不同结构形式或不同刚度防撞护栏的衔接处,应设置过渡段,使护栏的刚度逐渐过渡,并形成一个整体。

**4.1.4**  防撞护栏可采用刚性、半刚性或柔性护栏,并根据实际情况采用不同的防护等级和结构形式。

**4.1.5**  防撞护栏的起、讫点端部应做安全性处理。

**4.1.6**  无防撞要求的护栏应符合下列规定:

    **1**  便于安装、易于维修,且不应对交通参与者造成安全隐患。

    **2**  金属结构焊缝应平整、圆滑、牢固,不得开裂或漏焊。护栏内衬焊管表面和连接件均应进行防腐处理。

    **3**  非金属结构表面平整、接口牢固。

## 4.2  设置要求

**4.2.1**  机动车道外侧未设置人行道或非机动车道的,应设置路侧防撞护栏。

**4.2.2**  机动车道外侧设置有人行道或非机动车道的,应设置路侧防撞护栏或路缘石,防撞护栏与路缘石的设置要求见表4.2.2。

表 4.2.2　防撞护栏与路缘石的设置要求

| 条件 | 设置要求 |
|---|---|
| 符合 3.0.5 第 1 条时 | 车行道外侧必须采用防撞护栏 |
| 符合下列条件之一时：<br>1. 设计速度 50 km/h 及以上的城市主干路或次干路；<br>2. 临空高度 3～6 m 或水深 2～5 m；<br>3. 跨越道路、桥梁等人工构筑物时 | 车行道外侧宜设置防撞护栏，当仅采用路缘石与人行道、检修道分隔时，路缘石外露高度不得小于 40 cm，且人行道宽度不得小于 2 m |
| 其他有机动车行驶的城市桥梁 | 可采用路缘石与人行道、检修道分隔，路缘石外露高度宜取 25～35 cm |

**4.2.3** 城市快速路桥梁应设置中央分隔带防撞护栏，主干路桥梁应设置中央分隔带防撞护栏或高路缘石，中央分隔带宽度不应小于 2.0 m。

**4.2.4** 设计速度小于 50 km/h 的城市桥梁，当车辆越入对向车道或桥外时，可能发生严重事故或严重二次事故的桥梁，宜设置中央分隔带防撞护栏。

**4.2.5** 邻近或跨越干线铁路、水库、油库、电站等需要特殊防护的桥梁，防撞护栏应确定合理的碰撞条件并进行特殊设计。

**4.2.6** 浸水桥、漫水桥的防撞护栏应结合过水需要，进行特殊设计。

## 4.3　防护等级

**4.3.1** 防撞护栏的防护等级按设计防护能量划分为八级，见

表 4.3.1。

**表 4.3.1　防撞护栏的防护等级划分**

| 防护等级 | 一 | 二 | 三 | 四 | 五 | 六 | 七 | 八 |
|---|---|---|---|---|---|---|---|---|
| 代码 | C | B | A | SB | SA | SS | HB | HA |
| 设计防护能量（kJ） | 40 | 70 | 160 | 280 | 400 | 520 | 640 | 760 |

**4.3.2** 防撞护栏的防护等级主要技术指标应符合表 4.3.2 的规定。

**表 4.3.2　防撞护栏的防护等级主要技术指标**

| 防护等级 外侧护栏 | 防护等级 中央分隔带 | 碰撞条件 碰撞车型 | 车辆质量（t） | 碰撞速度（km/h） | 碰撞角度（°） | 碰撞加速度（m/s²） | 碰撞能量（kJ） |
|---|---|---|---|---|---|---|---|
| B | Bm | 小客车 | 1.5 | 80 | 20 | ≤200 | — |
| | | 大客车 | 10 | 40 | 20 | — | 70 |
| A | Am | 小客车 | 1.5 | 100 | 20 | ≤200 | — |
| | | 大客车 | 10 | 60 | 20 | — | 160 |
| SB | SBm | 小客车 | 1.5 | 100 | 20 | ≤200 | — |
| | | 大客车 | 10 | 80 | 20 | — | 280 |
| SA | SAm | 小客车 | 1.5 | 100 | 20 | ≤200 | — |
| | | 大客车 | 10 | 80 | 20 | — | 400 |
| SS | — | 小客车 | 1.5 | 100 | 20 | ≤200 | — |
| | | 大客车 | 10 | 80 | 20 | — | 520 |

**4.3.3** 防撞护栏的防护等级按表 4.3.3 选取。

表 4.3.3　防撞护栏的防护等级选取

| 桥梁所在道路等级 | 设计车速（km/h） | 跨越高等级公路、铁路、水源一级保护区、城市轨道交通等路段的桥梁 | 其他桥梁（涵洞） |
|---|---|---|---|
| 快速路 | 100、80、60 | 六（SS、SSm）级 | 五（SA、SAm）级 |
| 主干路 | 60 | 五（SA、SAm）级 | 四（SB、SBm）级 |
| | 50、40 | 四（SB、SBm）级 | 三（A、Am）级 |
| 次干路 | 50、40、30 | 四（SB）级 | 三（A）级 |
| 支路 | 40、30、20 | 三（A）级 | 二（B）级 |

注:(1)表中括号内为护栏防护等级代码。

(2)因桥梁线形、运行速度、桥梁高度、交通量、车辆构成和桥下环境等因素造成更严重碰撞后果的区段,经综合论证,宜在表4.3.3的基础上提高一个或一个以上的防护等级。

(3)跨越大型水源一级保护区的桥梁以及特大悬索桥、斜拉桥等缆索承重桥梁,防护等级宜采用八(HA)级,跨越高速铁路的桥梁应按照相关行业标准设置防撞护栏。

**4.3.4** 在综合分析城市道路线形、设计速度、运行速度、交通量和车辆构成等因素的基础上,当需要采用的护栏碰撞能量低于 70 kJ 时,护栏可确定特殊的碰撞条件并进行设计;当需要采用的护栏碰撞能量高于 520 kJ 时,护栏必须确定特殊的碰撞条件并进行设计。

## 4.4　构造要求

**4.4.1** 钢筋混凝土防撞护栏的构造应符合下列规定:

**1** 混凝土强度等级、配筋量和基础设置应通过设计计算确定,混凝土强度等级不得低于 C30。

**2** 护栏按构造可分为 F 型、单坡型、组合式、F 加强型。护栏的混凝土部分采用 F 型,如图 4.4.1 所示。未经试验验证,不得随意改变护栏迎撞面的截面形状和连接方式,但其背面可根据实际情况采用合适的形状。防护等级较高的桥梁可根据需要在护栏顶部设置阻爬坎,如图 4.4.1(d)所示。

**3** 各防护等级混凝土防撞护栏的高度不应小于表 4.4.1 的规定值。

表 4.4.1　各防护等级混凝土防撞护栏的高度 H

| 防护等级 | 高度 H(cm) |
|---|---|
| 二(B) | 70 |
| 三(A) | 81 |
| 四(SB) | 90 |
| 五(SA) | 100 |
| 六(SS) | 110 |
| 七(HB) | 120 |
| 八(HA) | 130 |

注:混凝土护栏高度的基线为内侧与路面的相交线。

F 型混凝土护栏内侧 7.5 cm 垂直部分可供桥面加铺用。路面加铺厚度超过 7.5 cm 时,应调整混凝土护栏的高度或对混凝土护栏的防护性能进行评价。

**4** 护栏迎撞面混凝土的钢筋保护层厚度不得小于 4.5 cm。

**5** 护栏的断面配筋量应根据计算确定,并应满足现行《公路钢筋混凝土及预应力混凝土桥涵设计规范》(JTG3362)中对最小配筋率的规定。

**4.4.2** 混凝土护栏与桥面板的连接应符合下列规定:

**1** 采用现浇法施工时,应通过护栏钢筋与桥梁结构物中的预埋钢筋连接在一起的方式形成整体。

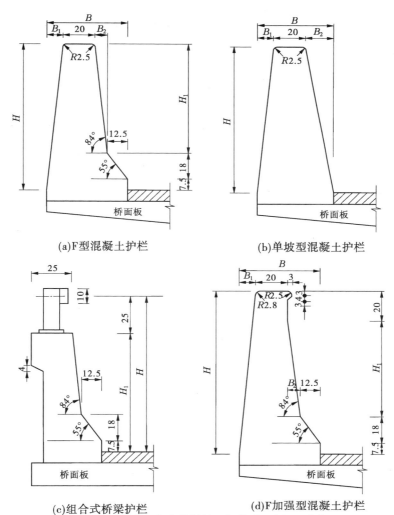

(a)F型混凝土护栏　　　　　　　(b)单坡型混凝土护栏

(c)组合式桥梁护栏　　　　　　　(d)F加强型混凝土护栏

**图4.4.1　混凝土和组合式护栏的一般构造示例** （单位:cm）

注:图中,$B$、$B_1$、$B_2$、$H$、$H_1$ 等参数根据防护等级、防护能量经计算确定。

**2**　采用预制件施工时,通过连接件将桥梁结构物与护栏连接在一起形成整体,纵向连接可采用纵向企口连接方式、纵向连接栓方式、纵向连接钢筋方式。

**3**　对需升级改造防护设施的既有桥梁,参见本标准"10 既有桥梁安全设施提升改造"相关规定。

**4.4.3**　新建或既有桥梁,若采用金属制防撞护栏、柔性防撞护栏等新型桥梁护栏,应满足《公路交通安全设施设计规范》(JTG D81)和《公路交通安全设施设计细则》(JTG/T D81)的要求,并具有《公路护栏安全性能评价标准》(JTG B05 - 01)要求的相关检验检测报告。

# 5 缓冲设施

## 5.1 一般规定

**5.1.1** 缓冲设施应具有阻挡、缓冲和导向的功能。

**5.1.2** 防撞垫的平面布设应与桥梁线形一致,设置于桥梁主线分流端、匝道出口时,防撞垫的轴线宜与防撞垫两侧桥梁的中心线相重叠,并与所在位置的其他交通设施相协调。

**5.1.3** 未做安全性处理的城市桥梁防撞护栏的起、讫点端部,其上游端部应设置防撞垫或防撞端头。

**5.1.4** 护栏端头和防撞垫应设置视线诱导设施,一般为轮廓标或反光膜。在事故多发段,视线诱导设施宜设置为主动发光设施。

**5.1.5** 缓冲设施的防护等级应根据设计车速、交通量、事故程度等因素选取。

## 5.2 防撞垫构造及防护等级

**5.2.1** 防撞垫的构造应符合下列规定:

**1** 防撞垫从路面到防撞垫顶面的高度宜为 80～110 cm。

**2** 防撞垫末端的支撑结构可直接和桥(路)面基础相连接,在保证结构强度的前提下,也可和防撞垫后部的护栏端部或其他固定物相连接。

**3** 防撞垫放置在护栏端部时,需考虑防撞垫导向作用的发挥,并不造成新的安全隐患,要求防撞垫的导向结构与护栏连接顺畅。同时考虑施工、维护方便,并应考虑安装的快捷性。

**4** 防撞垫所用的钢构件技术性能应符合现行《碳素结构钢》(GB/T700)的规定。所用钢构件应进行金属防腐处理,防腐处理的方法和技术要求应符合现行规范、标准的规定。

**5** 防撞垫所用材料为橡胶或塑料时,其耐高温性能、耐低温性能、耐候性能应符合相关规范、标准的规定。

**5.2.2** 防撞垫防护等级分为三级,各级主要技术指标应符合表5.2.2的规定。

表5.2.2　防撞垫主要技术指标

| 防撞垫类型 | 防护等级 | 碰撞条件 | | | | |
|---|---|---|---|---|---|---|
| | | 碰撞类型 | 碰撞车型 | 碰撞质量(t) | 碰撞速度(km/h) | 碰撞角度(°) |
| 非可导向防撞垫 | B50 | 正碰 | 小客车 | 1.5 | 50 | 0 |
| | | 斜碰 | | | | 15 |
| | B65 | 正碰 | 小客车 | 1.5 | 65 | 0 |
| | | 斜碰 | | | | 15 |
| | B80 | 正碰 | 小客车 | 1.5 | 80 | 0 |
| | | 斜碰 | | | | 15 |
| 可导向防撞垫 | A50 | 正碰 | 小客车 | 1.5 | 50 | 0 |
| | | 斜碰 | | | | 15 |
| | | 侧碰 | | | | 20 |
| | A65 | 正碰 | 小客车 | 1.5 | 65 | 0 |
| | | 斜碰 | | | | 15 |
| | | 侧碰 | | | | 20 |
| | A80 | 正碰 | 小客车 | 1.5 | 80 | 0 |
| | | 斜碰 | | | | 15 |
| | | 侧碰 | | | | 20 |

**5.2.3** 防撞垫的防护等级应按表5.2.3选取,因运行速度、交通

量等因素易造成严重碰撞后果的路段,应结合实际防护需求提高防撞垫的防护等级。

表 5.2.3  防撞垫防护等级的适用条件

| 道路类型 | 快速路 | | 快速路、主干路 |
|---|---|---|---|
| 设计速度(km/h) | 100 | 80 | 60 |
| 桥梁主线分流端、匝道出口前端 | A80 | A65 | A50 |
| 跨线桥桥墩前部、桥梁护栏及防撞墙上游端头、隔离带端部、隧道入口等路侧固定障碍物前端 | A80、B80 | A65、B65 | A50、B50 |

# 6 限界结构防撞设施

**6.0.1** 为防止行驶中的车辆越出行驶限界,撞击到桥梁墩柱结构、主梁结构、隧道洞口的入口两侧和顶部结构、交通标志支撑结构等限界结构,应在限界结构处设置限界结构防撞设施。

**6.0.2** 在上跨桥梁或隧道入口处,净空高度小于4.5 m时,应设置防撞限高架,净空大于4.5 m时,根据交通运营管理规定,需要限制通行车辆的高度时,可设置防撞或警示限高架。在进入桥梁路段的最近交叉口处适当位置,宜同时设置与限高要求相同的警示限高架。

**6.0.3** 当限界结构存在被车辆撞击的可能时,应设置正面限界结构防撞设施、侧面限界结构防撞设施和顶面限界结构防撞设施。

    **1** 正面限界结构防撞设施包括防撞垫、防撞岛、防撞墩及加强墩柱结构抗撞能力等防撞设施。

    **2** 侧面限界结构防撞设施主要为防撞护栏。路侧设置桥梁防撞护栏时,当其变形不能达到保护两侧限界结构要求时,应加密护栏立柱,减小立柱间距或采用不低于SB级防撞护栏。侧面防撞设施若与限界结构位置重叠,可采取与限界结构组合形成整体限界结构的防撞设施。

    **3** 顶面限界结构防撞设施包括主体结构防撞设施、附属保护防撞设施和设置限高、限载警告标志等设施。

**6.0.4** 桥梁墩柱、隧道洞口入口处两侧宜设置侧面限界结构防撞设施,在不宜设置侧面限界结构防撞设施的情况下采用正面限界结构防撞设施。

**6.0.5** 在桥涵梁底、隧道入口顶面等容易被超高车辆撞击处,应设置顶面限界结构防撞设施。

**6.0.6** 限界结构防撞设施应满足以下功能要求:

**1** 限界结构防撞设施应具有保护桥梁墩柱结构、主梁结构、隧道洞口的入口两侧和顶部结构及其他附属设施安全的功能。

**2** 限界结构防撞设施应具有满足车辆撞击限界结构后,保护司乘人员安全、减轻伤害的功能。

**3** 限界结构防撞设施设计应按照安全、经济、耐用、便于维修的原则,并做到外观简洁,同时设置警示标志,且与桥梁和周围城市景观、建筑的设计风格统一协调。

# 7 桥梁墩柱防护

**7.0.1** 当桥梁墩柱易受撞击时,应设置桥梁墩柱防护设施。

**7.0.2** 桥梁墩柱防护设施应按照安全、经济、耐用、便于维修的原则设置,并做到外观简洁。

**7.0.3** 桥梁墩柱防护设施应具有以下功能:

    **1** 警示、阻隔车辆等碰撞桥墩。

    **2** 撞击后,可减轻对司乘人员的伤害。

**7.0.4** 应优先选用半刚性防撞护栏、柔性防撞护栏、防撞垫。当桥梁墩柱边缘距行车道空间条件不具备时,应设置刚性防撞护栏,并宜在迎车面设置防撞垫等。

**7.0.5** 防撞设施迎车面应设置反光装置,采用Ⅴ类反光膜,并宜加设主动发光设施。桥梁墩柱宜设置Ⅴ类反光膜,设置高度距路面不小于2.5 m。正面限界结构防撞设施不应影响车辆的正常行驶轨迹。

**7.0.6** 通航河流桥墩应设置助航标志、警示标志和墩柱防撞保护设施。必要时应设置航标维护管理和安全监督管理设施。通航孔两侧墩柱防护设施的设置不得恶化通航水流条件和减小通航净宽。

# 8 人行护栏

## 8.1 一般规定

**8.1.1** 人行护栏应具有保护行人安全、防止跌落危险的功能,护栏结构不应对交通参与者造成安全隐患。

**8.1.2** 人行护栏构件之间的连接应采用能有效避免人员伤害且不易拆卸的方式。

**8.1.3** 兼具桥梁防撞护栏功能与人行护栏功能的护栏应同时满足人行护栏和桥梁防撞护栏的构造要求。

**8.1.4** 人行护栏的起、讫点和断口处应进行端头处理。

## 8.2 构造及防护要求

**8.2.1** 人行护栏的造型、色调与周围环境协调,对重要桥梁宜作景观设计。

**8.2.2** 人行道或检修通道外侧的护栏高度不应小于 1.1 m,非机动车道外侧临空时,护栏高度不应小于 1.4 m。

**8.2.3** 作用在桥梁人行护栏扶手上的竖向荷载应为 1.2 kN/m,水平向外荷载应为 2.5 kN/m,作用位置位于护栏立柱柱顶。两者应分别计算,不同时作用,且不与其他活载叠加。

**8.2.4** 人行护栏构件间的最大净间距不应大于 110 mm,不应采用有蹬踏面的结构,不宜采用横线条护栏。采用金属网状护栏时,网状开口不应大于 50 mm。

**8.2.5** 人行护栏应采用坚固、耐久的材料制作,结构设计必须安全可靠,护栏与桥梁面板应进行可靠连接,护栏底座应设置锚筋。

# 9 其他安全防护设施

## 9.1 防抛网

**9.1.1** 当符合 3.0.5 第 4 条时,桥梁两侧均应设置防抛网,设置范围应超出被跨越限界外,两侧各大于 10 m。

**9.1.2** 跨越铁路电气化区段的城市桥梁,防抛网应设置"高压危险"警示标志。

**9.1.3** 防抛网的设置须考虑其强度、美观性、与道路周边环境的协调性、施工养护的方便性等因素。

**9.1.4** 跨越高速铁路的城市桥梁防抛网距桥面的高度不应低于 2.5 m,其余防抛网距桥面的高度不宜低于 2.0 m。防抛网的网眼不应大于 50 mm × 100 mm,跨越铁路时网孔规格不宜大于 20 mm × 20 mm。

## 9.2 隔离栅

**9.2.1** 隔离栅应与桥梁结构、挡土墙构筑物或山体等连接,形成闭合系统。

**9.2.2** 隔离栅遇跨径小于 2 m 的涵洞时可直接跨越,跨越处应进行围封。

**9.2.3** 隔离栅的高度不应低于 1.8 m。隔离栅的网眼不应大于 50 mm × 100 mm;最小网眼不宜小于 50 mm × 50 mm。

**9.2.4** 隔离栅的结构设计应考虑风荷载作用下自身的强度和刚度。

**9.2.5** 隔离栅应进行防腐和防雷接地处理,防雷接地的电阻应小于 10 Ω。

## 9.3 防眩设施

城市桥梁防眩设施的设置应符合下列规定：

**1** 设计速度不小于 60 km/h 的桥梁中央分隔带应设防眩设施。

**2** 防眩设施可采用防眩板、防眩网等形式。

**3** 防眩设施的结构应方便安装和维护。防眩设施的高度、结构形式、设置位置变化时应设置过渡段，过渡段的长度宜为 50 m。应避免在防眩设施之间留有断口。

**4** 防眩板的设计应按部分遮光原理进行，直线路段遮光角不应小于 8°，平、竖曲线路段遮光角应为 8°～15°，宽度宜为 8～15 cm，离地高度宜为 1.2～1.8 cm。

## 9.4 交通标志和交通标线

**9.4.1** 交通标志设置应符合下列规定：

**1** 在桥头前 30～50 m 处应设置桥名标志，并宜在距桥头最近的路口出口处设置预告桥名标志，如桥名标志和预告桥名标志间距小于 100 m，可不设预告桥名标志。

**2** 根据桥梁设计荷载，应设置相应限载标志或限制轴重标志。

**3** 根据具体情况可设置慢行标志、限速标志、禁止超车标志、禁止危险品运输车辆标志、注意横风、易滑路面等交通标志。

**9.4.2** 交通标线应符合下列规定：

**1** 桥梁路段及长大隧道路段不允许车辆变换车道，同向车道分界线应设置为白色实线。白色实线的设置范围应为禁止车辆越线行驶路段及其前后 10～30 m 的路段。

**2** 位于易发生交通安全事故路段的桥梁，应设置振荡标线、减速标线、彩色警示标线等。

**9.4.3** 交通标志、标线的设置应满足现行《城市道路交通标志和标线设置规范》(GB51038)的要求。

## 9.5 视线诱导设施

**9.5.1** 在隧道两侧、城市快速路主路以及立交出入口匝道、交通合流、交通分流、易发生事故的弯道、非常规的路中隔离设施端部、渠化设施的端部、桥头等位置,应设置视线诱导设施。

**9.5.2** 视线诱导设施主要包括轮廓标、合流诱导标、线形诱导标、隧道轮廓带、示警桩、示警墩等设施。

**9.5.3** 各类视线诱导设施在设置时,要注意相互协调,避免相互影响。

**9.5.4** 位于事故多发路段的桥梁,视线诱导设施宜设置为主动发光设施。

## 9.6 减速丘

**9.6.1** 事故多发地点前、隧道洞口前、长下坡桥梁段应设置车行道减速丘。

**9.6.2** 减速丘应配合减速标线、限速标志使用。

**9.6.3** 减速丘与人行横道联合设置时,可省略减速丘上的标记部分,但应标示出减速丘的边缘。

## 9.7 防风栅

**9.7.1** 桥梁上路侧横风与桥梁轴线夹角大于30°,且瞬时风速大于表9.7.1的规定值时,可在路侧上风侧设置防风栅。

表9.7.1 行车安全风速

| 设计速度(km/h) | 100 | 80 | 60 | 40 | 20 |
|---|---|---|---|---|---|
| 风速(m/s) | 15 | 17 | 19 | 20 | 20 |

**9.7.2** 桥梁上设置防风栅时,应对桥梁气动稳定性和桥梁受力进行验证。

**9.7.3** 防风栅应与交通标志、交通标线(含彩色防滑标线)等设施统筹考虑。

## 9.8 防雪栅、积雪标杆及水深标杆

**9.8.1** 防雪栅设计应符合下列规定:

**1** 防雪栅设计应有效降低风吹雪对车行道上车辆的不利影响。

**2** 防雪栅应设置在迎风一侧。当地形开阔、积雪量过大、风力很大时,可设置多排防雪栅。

**3** 在风吹雪量较大且持续时间长、风向变化不大的桥梁,可设置固定式防雪栅。在风向多变、风力大、雪量多的桥梁,可采用移动式防雪栅。

**9.8.2** 积雪标杆设计应符合下列规定:

**1** 降雪量较大、持续时间长且积雪覆盖车行道的桥梁,可设置积雪标杆。

**2** 积雪标杆宜设置在桥梁引坡段土路肩上,设置位置不得侵入建筑限界以内。

**9.8.3** 水深标杆设计应符合下列规定:

**1** 跨越河流的桥梁在墩台或其他显著位置应设置水深标杆。

**2** 下穿铁路、公路、城市道路的桥梁、隧道及地下道路,若存在积水的可能性,应在桥墩(台)、隧道侧墙、地下道路进口或其他显著位置设置水深标杆。

**3** 在进入浸水桥、漫水桥梁前的显著位置应设置水深标杆。

# 10 既有桥梁安全设施提升改造

**10.0.1** 对于存在安全隐患的既有桥梁安全设施,应进行检测、评定。

**10.0.2** 检测、评定应按下列方法进行:

    **1** 资料调查:调取原施工图设计文件、竣工图及竣工验收资料、桥梁以往检测及监测数据、交通安全设施产品或设备性能试验报告和检测检定报告等资料。

    **2** 现场调查:对结构构件耐久性、缺损和破损状况、构造尺寸、安装位置等进行现场量测、观察。

    **3** 试验检测:

    1)应对构件的强度、刚度、裂缝、变形、承载力等进行检测、评定。

    2)检测数量、强度推定宜符合现行国家标准《混凝土结构现场检测技术标准》(GB/T50784)、《钢结构现场检测技术标准》(GB/T50621)等有关规定。

**10.0.3** 对于不满足本标准要求的桥梁安全防护设施,应按照不影响桥梁结构安全和使用功能的原则提升改造。

**10.0.4** 现有护栏或路缘石不具备改造条件时,可采取限制车速、限载、降低道路等级、设置电子监控、加强交通管制等作为过渡安全措施。

# 11  质量检验与验收

**11.0.1**  防撞护栏、人行护栏、防眩板按照现行《城市桥梁工程施工与质量验收规范》(CJJ2)执行。

**11.0.2**  金属防撞护栏、柔性防撞护栏等检验标准参照相关行业规范和标准。

**11.0.3**  石材栏杆可参照现行《建筑装饰装修工程质量验收规范》(GB50210)执行。

**11.0.4**  工程施工使用的钢材、混凝土以及植入钢筋等主要材料,应具有相关部门出具的产品或材料性能检测报告。

**11.0.5**  桥梁安全防护设施采用的金属构件防腐层质量应满足现行《公路交通工程钢构件防腐技术条件》(GB/T18226)或设计文件要求。

**11.0.6**  交通标志、标线的质量检验与验收应按照现行《城市道路交通标志和标线设置规范》(GB51038)执行。

**11.0.7**  具体实测项目及检查方法、频率和允许偏差等应符合设计文件的规定。

**11.0.8**  未尽事宜详见国家相关规范、标准等的规定。

# 本标准用词说明

**1** 为便于在执行本标准条文时区别对待,对要求严格程度不同的用词说明如下:

1)表示很严格,非这样做不可的:

正面词采用"必须",反面词采用"严禁";

2)表示严格,在正常情况下均应这样做的:

正面词采用"应",反面词采用"不应"或"不得";

3)表示允许稍有选择,在条件许可时首先这样做的:

正面词采用"宜",反面词采用"不宜";

4)表示有选择,在一定条件下可以这样做的,可采用"可"。

**2** 条文中指明应按其他有关标准执行的写法为:"应符合……的规定"或"应按……执行"。

# 引用标准名录

1 《城市桥梁设计规范》CJJ11；

2 《城市道路交通设施设计规范》GB50688；

3 《公路交通安全设施设计规范》JTG D81；

4 《公路交通安全设施设计细则》JTG/T D81；

5 《公路护栏安全性能评价标准》JTG B05-01；

6 《城市桥梁工程施工与质量验收规范》CJJ2；

7 《城市桥梁检测与评定技术规范》CJJ/T 233；

8 《城市道路交通标志和标线设置规范》GB51038；

9 《公路钢筋混凝土及预应力混凝土桥涵设计规范》JTG3362；

10 《碳素结构钢》GB/T700；

11 《建筑装饰装修工程质量验收规范》GB50210；

12 《公路交通工程钢构件防腐技术条件》GB/T18226；

13 《钢结构现场检测技术标准》GB/T50621；

14 《混凝土结构现场检测技术标准》GB/T50784；

15 《钢结构工程施工质量验收规范》GB50205；

16 《城市桥梁养护技术标准》CJJ99。

河南省工程建设标准

# 城市桥梁安全防护设施设置标准

## DBJ41/T 223－2019

条 文 说 明

# 目　次

# 2 术　语

**2.0.1** 混凝土护栏是刚性护栏的主要代表形式,车辆碰撞时通过爬高并转向来吸收碰撞能量。

**2.0.2** 波形梁护栏是半刚性护栏的主要代表形式,车辆碰撞时利用土基、立柱、波纹状钢板的变形来吸收碰撞能量。

**2.0.3** 缆索护栏是柔性护栏的主要代表形式,车辆碰撞时依靠缆索的拉应力来吸收碰撞能量。

**2.0.4** 特种车辆还包括抢险救灾、事故、应急车辆等。

# 3 基本规定

**3.0.4** 主动引导设施包括交通标志、交通标线、视线诱导设施、隔离栅、防抛网等,通过提醒、警示、诱导作用,避免发生交通事故。轨道交通线指地面上轨道交通线。

**3.0.5** 被动防护设施包括防撞护栏、防撞垫、防撞岛等安全防护设施,为失控车辆提供安全防护。

**3.0.6** 安全防护设施包括本标准涉及的防撞护栏、防撞端头、防撞垫、限界结构防撞设施、桥梁墩柱防护、人行护栏、防抛网、隔离栅、防眩设施等。

# 4 防撞护栏

## 4.1 一般规定

**4.1.2** 活动护栏是中央分隔带护栏的组成部分之一,应该具有与所处路段中央分隔带护栏相同的防护等级,只有活动护栏的防护等级和中央分隔带护栏的防护等级相匹配,才能保证中央分隔带护栏防撞能力的连续性。

根据实际调查,现有城市快速路中央分隔带开口处活动护栏很多,主要的活动护栏形式为插拔式活动护栏和伸缩式活动护栏。这些活动护栏不具备防撞性能,车辆碰撞活动护栏时,很容易冲向对向车道,并引发二次事故。目前,国内已研制出具备规定防撞能力的活动护栏,且已经过实车碰撞试验验证,能够满足工程实际的需要。

**4.1.3** 不同结构形式或不同刚度防撞护栏,如果它们之间的过渡处理不当,不但会对护栏的美观效果产生影响,而且会发生车辆碰撞过渡段护栏,可能发生严重事故。因此,应对该衔接处护栏做专门的设计,使其刚度逐渐过渡并构成一个防护能力连续的整体。过渡段的等级至少达到相连接的两种护栏中较低的防护等级。

**4.1.5** 防撞护栏是一种桥梁交通安全设施,能降低事故的严重程度,但也是一种障碍物,如果设置不当,同样会对行车安全产生影响,特别是在护栏的起、讫点端头处,如果不做安全性处理,一旦车辆发生正面碰撞的事故,事故严重程度就会增加。因此,在护栏的起、讫点端头应做专门的安全设计和处理。

**4.1.6** 无防撞要求的护栏是指仅起分隔作用的护栏,不对防撞性能提出要求。

## 4.2 设置要求

**4.2.2** 路缘石外露高度大于 40 cm 时,存在行人或非机动车跌落危险处,在实际工程中建议设置相应防护设施。

## 4.3 防护等级

**4.3.2** 表 4.3.2 防撞护栏的主要技术指标借鉴《城市道路交通设施设计规范》(GB50688)。

**4.3.3** 表 4.3.3 注(2)中"桥梁高度"参照现行国家规范一般是指高度在 30 m 以上的桥梁,"车辆构成"一般是指总质量超过 25 t 的车辆自然数所占比例大于 20% 的桥梁。

## 4.4 构造要求

**4.4.1** 图 4.4.1 中的迎撞面应按照图中所示尺寸实施。$B$、$B_1$、$B_2$、$H$、$H_1$ 需要根据防护等级、防护能量等指标计算确定。

# 5　缓冲设施

## 5.1　一般规定

**5.1.1**　根据交通事故调查,桥梁主线分流区、出口匝道分流区、出口处等位置,属于危险三角区,容易发生车辆碰撞事故。桥梁分流区和匝道出口小客车的运行速度往往超过桥梁的设计速度,这些桥梁段别是恶性事故多发的路段。同时,由于城市跨线桥较多,时常发生车辆碰撞跨线桥桥墩的事故,影响司乘人员和桥梁结构的安全。另外,互通式立体交叉匝道也是事故多发的路段。因此,这些路段需设置防撞垫,以降低事故对事故车辆和司乘人员的伤害程度。

可导向防撞垫一般用于桥侧有人行道、车行道、建筑物、临空等不能碰撞或有安全隐患的位置,需要发生碰撞后能够使车辆回归原行驶车道,不对其他车道或路外造成危险。非可导向防撞垫一般用于发生碰撞的地点比较空旷、平坦,发生碰撞后即使不回归原行驶车道,也不会对周边造成危险的情况。在实施过程中,应根据实际情况选择。

## 5.2　防撞垫构造及防护等级

**5.2.2**　我国对于防撞垫的运用和科研试验尚处于起步阶段,经验较少,表5.2.2防撞垫防护等级主要技术指标借鉴《城市道路交通设施设计规范》(GB50688),表中指标与《公路护栏安全性能评价标准》(JTG B05-01)不完全一致。

**5.2.3**　决定采用防撞垫防护等级的因素很多,但根据事故分析,影响司乘人员伤害程度和车辆损失的主要因素是车辆碰撞防撞垫时的碰撞速度。碰撞速度越大,对司乘人员和车辆损伤也越大。

因此,根据不同等级道路桥梁车辆的运行速度对防撞垫的等级进行设置是比较合理的方法。

# 6  限界结构防撞设施

**6.0.1**  对于距道路行驶限界较近的桥梁墩柱、主梁、隧道洞口入口处两侧和顶部、交通标志支撑结构等限界结构,有被超越车行道行驶界限的车辆撞击的安全隐患,为保护行驶车辆、行人以及限界结构的安全,应设置限界结构防撞设施。容易被超高、误驶入车辆撞击时,可以结合具体情况设置顶面限界主体结构防撞设施,有效保护结构安全并提高局部防撞能力和耐久性。此外,应以设置警告、限界标志为主,如需设置附属结构防撞设施,还应考虑避免二次事故。

**6.0.3**  在没有设置防撞护栏的条件处,正迎撞面设置防撞垫应参照"5 缓冲设施"相关内容,以保证防撞垫、防撞岛、防撞墩等设施发挥有效的防撞击作用。

顶面限界主体防撞,是指在桥涵梁底、隧道入口顶面等容易被超高车辆撞击处设置的局部防撞设施,它可以避免由于局部撞击破坏而进行修复时影响正常的交通。形式如:在墩柱局部外包钢板、主梁限界底面设置角钢等,均可有效保护结构安全并提高局部防撞能力和墩柱耐久性,避免因进行修复而影响正常的交通。设置防撞门架可避免车辆直接撞击主梁,但应避免带来二次事故。

# 7 桥梁墩柱防护

7.0.2 桥梁墩柱防护设施包括正面防护设施和侧面防护设施。桥梁墩柱正面防护设施包括防撞垫、防撞岛、防撞墩及加强墩柱结构抗撞等,侧面防护设施包括防撞护栏、混凝土防撞墙等。

侧面防撞护栏应参照"4 防撞护栏"相关内容,以保证防撞护栏发挥有效的防撞击作用。正迎撞面设置防撞垫应参照"5 缓冲设施"相关内容,以保证防撞垫、防撞岛、防撞墩等设施发挥有效的防撞击作用。

7.0.5 主动发光设施具有良好的警示效果,建议在工程实际中优先考虑。

7.0.6 通航河流桥墩的防撞设施主要有固定或浮式防撞装置和桩基防撞墩两种类型。防撞设施对水流条件的影响应不得阻碍通航安全,占用水域后的通航宽度应满足经论证确定的通航净空及宽度要求。

# 8　人行护栏

## 8.2　构造及防护要求

8.2.2　人行护栏高度是从可踏面至栏杆扶手顶面的距离,不低于
1.10 m,是为了避免行人翻越。

# 9 其他安全防护设施

## 9.3 防眩设施

防眩设施在不同的地区选用不同的形式,冰雪地区要考虑结冰因素,不推荐选用防眩网;高架桥上宜选用中间有孔的防眩板;隔离带较窄道路选用绿篱防眩时,要考虑绿篱的浇灌问题。

## 9.5 视线诱导设施

**9.5.2** 直线路段轮廓标设置间距不应超过 50 m,曲线路段轮廓标设置间距不应大于表 9.5.2 的规定。车行道宽度、车道数量有变化的路段及竖曲线路段,可适当加密轮廓标的间隔。

**表 9.5.2 曲线路段轮廓标的设置间距**

| 曲线半径<br>(m) | ≤89 | 90～179 | 180～274 | 275～374 | 375～999 | 1 000～<br>1 999 | ≥2 000 |
|---|---|---|---|---|---|---|---|
| 设置间距<br>(m) | 8 | 12 | 16 | 24 | 32 | 40 | 48 |

## 9.7 防风栅

**9.7.1** 防风栅并不是必须设置的安全设施,通过限速等措施也能改善强风路段的安全水平,而且国内应用防风栅的项目并不多,因此标准中的用词为"可",并不强制要求设置。

## 9.8 防雪栅、积雪标杆及水深标杆

**9.8.1** 国内外防雪栅一般设置在风吹雪比较严重的道路沿线,但

是目前关于防雪栅的设置条件国内外都缺少成熟量化成果,更多的是根据现场观测和经验,因此标准中用词为"可",并不强制要求设置。

**9.8.2** 积雪标杆是一种积雪路段可采用的交通安全设施,需要根据积雪严重程度和除雪养护工作情况综合考虑,在除雪养护及时的路段积雪标杆并不是必需的安全设施,因此标准中用词为"可",并不强制要求设置。

# 10 既有桥梁安全设施提升改造

未按标准要求设置缓冲设施、限界结构防撞设施、墩柱防护设施、交通标志、交通标线、减速丘、隔离栅、防抛网、防眩板、防风栅、防雪栅、积雪标杆等设施的桥梁，按本标准提升改造。

既有桥梁的建设年代不同，防护等级不同，部分桥梁交通安全设施不完善，可能存在安全隐患，需要进行提升改造。由于既有桥梁主体结构、安全防护设施差异较大，在实施过程中，应针对每座桥梁的实际情况，制订相应的升级改造方案。本章对安全设施需要升级改造的桥梁提出了升级改造流程及部分措施，以供参考。

桥梁护栏提升改造，可采取下列措施：

**1** 人行道路缘石较低，不满足本标准要求时，可在现有路缘石位置增设符合防护等级和结构尺寸要求的钢制护栏，增设的钢制护栏与现有桥面系应连接牢固。

**2** 人行道护栏高度、构造不满足要求时，采取增设金属构件进行原位加高、加密措施。

**3** 机动车道外侧未设防撞护栏，桥梁人行护栏无法设置为防撞护栏时，可设置防撞机非护栏，机非护栏可采用符合防护等级要求的预制混凝土护栏、钢制护栏、柔性护栏等，一般流程为：

（1）对增加的护栏恒载和碰撞荷载对桥梁结构的承载能力进行验算；

（2）当桥梁结构承载能力不足时，应采取措施提高桥梁结构承载力；

（3）选择安全可靠的护栏实施方案。

# 11  质量检验与验收

技术检测、评定方法及改造措施应满足现行《城市桥梁设计规范》（CJJ11）、《城市桥梁工程施工与质量验收规范》（CJJ2）、《城市桥梁检测与评定技术规范》（CJJ/T233）、《钢结构工程施工质量验收规范》（GB50205）、《混凝土结构现场检测技术标准》（GB/T50784）、《钢结构现场检测技术标准》（GB/T50621）、《城市桥梁养护技术标准》（CJJ99）、《城市道路交通设施设计规范》（GB50688）、《公路交通安全设施设计规范》（JTGD81）、《公路交通安全设施设计细则》（JTG/TD81）等相关规范、标准的规定。